# Das Problem
# Wissenschaft und Religion

## Versuch einer Lösung in neuer Richtung

von

# O. D. CHWOLSON
Professor an der Universität in Leningrad

Kommissionsverlag von Friedr. Vieweg & Sohn Akt.-Ges.
Braunschweig 1925

ISBN 978-3-322-98015-1     ISBN 978-3-322-98642-9 (eBook)
DOI 10.1007/978-3-322-98642-9

# Vorrede.

In zahlreichen Schriften, die dem Problem „Wissenschaft und Religion" gewidmet sind, wird der Versuch gemacht, eine Brücke zu bauen zwischen den Resultaten der modernen Naturwissenschaften und den jetzt existierenden Religionen, wobei den letzteren manchmal eine möglichst vereinfachte Form zugeschrieben wird. Ich bin der Meinung, daß die Widersprüche unüberbrückbar sind. Infolgedessen habe ich dem Problem eine, wie ich glaube, vollkommen neue Fassung gegeben, die im fünften Kapitel formuliert ist. Die Lösung des Problems ist im siebenten Kapitel enthalten.

Leningrad, den 16. Mai 1925.

O. Chwolson.

# Inhaltsverzeichnis.

Erstes Kapitel.

## Statt einer Einleitung.

# Zwei innere Stimmen.

Erste Stimme: Ich muß dir etwas Neues mitteilen: ich beabsichtige ein Buch zu schreiben!

Zweite Stimme: Darin sehe ich nichts Neues. Die Zahl deiner Bücher und Broschüren geht ja in die Dutzende, darunter ein fünfbändiges Werk. Ob du nun ein Buch mehr oder weniger schreibst, fällt wohl nicht schwer ins Gewicht. Ich kann mir das Thema schon denken: vermutlich über die neuesten Fortschritte der Physik, Röntgenstrahlen, Lichtquanten oder so was Ähnliches.

Erste: Du irrst dich. Das Thema, das ich behandeln will, gehört gar nicht in die Physik.

Zweite: Gar nicht in die Physik? Da bin ich aber neugierig! Ich wußte nicht, daß du, außer dieser, noch eine andere Wissenschaft genügend kennst, um aus ihr ein Buchthema schöpfen zu können.

Erste: Das ist tatsächlich auch nicht der Fall. Ich kenne die Physik ein wenig, die anderen Wissenschaften — gar nicht.

Zweite: Und trotzdem willst du über ein nicht-physikalisches Thema ein Buch schreiben! Wie soll der Titel deines neuen Buches lauten?

Erste: Wissenschaft und Religion.

Zweite: Das kann ich nicht glauben, das ist unmöglich. Davon verstehst du ja gar nichts!

Erste: Ich habe über dies Thema viel nachgedacht und bin zu einer einfachen, klaren Konstruktion gelangt.

Zweite: Und du bildest dir wohl ein, diese „Konstruktion" könnte etwas Neues enthalten? Da bist du sicher auf einem Irrwege. Das Thema „Wissenschaft und Religion" ist so alt, wie die Wissenschaft selbst. Tausende und Abertausende haben über dieses Thema gegrübelt und geschrieben; Theologen, Naturforscher und, vor allem, Philosophen. Ich denke mir, daß eine stattliche Bibliothek entstehen würde, wenn man alles zusammentragen wollte, was über dies Thema geschrieben wurde. Hast du diese Bibliothek studiert?

Erste: Nein! Ich habe nur wenige Schriften über jenes Thema gelesen; aber sie enthielten kurze historische Darstellungen, aus denen ich doch ersehen konnte, in welchen Richtungen versucht wurde die Frage anzugreifen und zu behandeln. Ich gehe in ganz neuer Richtung.

Zweite: Wenn du nur wenige Schriften gelesen hast, so genügt das nicht um sicher zu sein, daß der von dir eingeschlagene Weg nicht schon zehnmal betreten wurde und daß man ihn nicht längst als hoffnungslos aufgegeben hat.

Erste: Das glaube ich nicht. Hätte man diesen Weg versucht, so wäre dies allbekannt. Und ich glaube auch nicht, daß man diesen Weg als hoffnungslos aufgegeben hätte.

Zweite: Vielleicht darf ich dich daran erinnern, daß ein gewisser Jemand, den du sicher kennst, einst ein Buch verfaßt hat, in welchem ziemlich viel von einem „Zwölften Gebote" die Rede ist; es wird sogar im Titel jenes Buches erwähnt. Du weißt wohl noch, wie das Gebot lautet: „Schreibe nie über Etwas, was du nicht verstehst", und dann kommt gleich eine nähere Erklärung des Wortes „verstehen", die ganz klar zeigt, daß ein gründliches Studieren gemeint ist. Es scheint mir, daß du dich ganz gewaltig gegen dies Gebot versündigst.

Erste: Ich kenne das Buch und auch den Autor; der hat es aber ganz anders gemeint. Du wirst mich wohl für kompetent halten, das zwölfte Gebot im Sinne seines Autors interpretieren zu können; doch will ich diese Frage hier nicht weiter entwickeln. Das Thema „Wissenschaft und Religion" ist frei für jeden, der fest auf dem Boden der wahren Wissenschaft steht.

Zweite: Da kann ich nur sagen — dunkel ist dieser Rede Sinn. Fest auf dem Boden der Wissenschaft? Welcher Wissenschaft? Und was deine Behauptung betrifft, das Thema sei „frei" oder vielleicht gar vogelfrei, so heißt das mit anderen Worten: ein wahrhaft wissenschaftliches Thema kann nur der behandeln, der Spezialist ist, der es „versteht"; aber philosophieren kann eben jeder. Da irrst du dich!

Erste: Wenn du mein Buch wirst gelesen haben, so wirst du einsehen, daß man es nicht zu den philosophischen rechnen kann. Es ist aufgebaut streng nach den Grundsätzen, die mich die Wissenschaft, und zwar meine Wissenschaft gelehrt hat.

Zweite: Ich kann mir denken, wie du vorgehst. Zur Unterstützung werden zahllose, sogenannte Autoritäten zitiert. Angefangen von den Indiern, Griechen und Römern, geht es dann zu den Kirchenvätern und zu den anderen Denkern des Mittelalters und der Neuzeit.

Erste: Diesmal irrst du. In meinem ganzen Buche wirst du nicht ein einziges Zitat finden. Ich las unlängst ein Buch, das auch von Wissenschaft und Religion handelte und hunderte von Zitaten enthielt. Bei jedem dieser Zitate dachte ich mir: bei gutem Willen, Geduld, Ausdauer und genügender Belesenheit kann man sicher ein ebenso eindrucksvolles, kompetentes und dabei nichts beweisendes Zitat auffinden, in welchem das gerade Gegenteil behauptet wird. Sei ganz ruhig, auf Zitate lasse ich mich nicht ein.

Zweite: Und zu welchem Resultat gelangst du in deinem Buche? Die Anzahl der möglichen, prinzipiellen Resultate ist doch offenbar eine sehr begrenzte und alle sind sie in verschiedenen Variationen versucht worden. Was willst oder kannst du Neues sagen?

Erste: Keines jener Resultat und ihrer Variationen kann einer wissenschaftlichen Kritik standhalten. Ich gehe einen ganz anderen Weg, der noch nicht erprobt wurde. Die ganze Problemstellung ist bei mir eine völlig neue.

Zweite: Das ist es ja eben woran ich zweifle! Dir dünkt sie neu; der wahre Kenner wird dir sagen, daß sie uralt ist. Am Ende beabsichtigst du eine neue Religion zu stiften mit neuen Dogmen?

Erste: In dem ganzen Buche wirst du keine Anspielung finden auf ein Dogma oder auch nur auf ein Postulat.

Zweite: Erinnere dich, wieviel du in deinem Leben von Dilettanten zu leiden hattest. Und jetzt, auf deine alten Tage, gehst du selbst unter diese spaßigen Leute, unter diese Ritter von der traurigen Gestalt, deren Hauptbeschäftigung darin besteht, das „Zwölfte Gebot" zu übertreten. Das ist eine für dich ganz neue Rolle, zu der ich dir nicht gratulieren kann. Du wirst deine Freunde betrüben; du wirst dich, um es kurz zu sagen, lächerlich machen, und die Franzosen sagen richtig, daß unter allen „genres" das „genre ridicule" das schlimmste ist.

Erste: Ich lasse es darauf ankommen. Ich wäre nicht der erste und nicht der letzte, der zuerst ausgelacht wird und der zuletzt „am besten lacht", allerdings oft erst dann, wenn ihm das Lachen und das Weinen längst vergangen ist. Ich wiederhole, daß ich in diesem Buche feststehen werde auf dem bewährten Boden der Naturwissenschaft. Ihre Methoden werde ich benutzen und mit ihrer Hilfe etwas Neues bauen.

Zweite: An diese Möglichkeit glaube ich nicht.

Erste: Wir wollen sehen, was du sagen wirst, wenn das Buch fertig sein wird. Auf Wiedersehen — am Schluß!

# Zweites Kapitel

# Wissenschaft.

Der Titel dieses Buches lautet „Wissenschaft und Religion"; ein uraltes Thema. Ich will es versuchen, dies Thema nach den streng naturwissenschaftlichen Methoden zu behandeln, die ich selbst im Laufe von mehr als einem halben Jahrhundert gelernt, geübt und gelehrt habe. Als erste und wichtigste Bedingung erscheint hier die genaue Definition derjenigen Begriffe, welche wir weiterhin gebrauchen werden; anders ausgedrückt, eine genau formulierte Terminologie.

Was das Wort „Wissenschaft" betrifft, so ist eine Definition nicht nötig. Es wäre höchstens zu bemerken, daß man bei der Zusammenstellung „Wissenschaft und Religion" wohl fast ausschließlich die Naturwissenschaften im Auge hat. Was diese letzteren betrifft, können wir eine, für unsere Zwecke völlig genügende Vereinfachung einführen. Die Gesamtheit dessen, was unserer Wahrnehmung und Beobachtung zugänglich ist, erscheint uns, vielleicht irrtümlich, als aus zwei Teilen bestehend, nämlich aus einem toten und einem lebenden. Ob diese Zweiteilung einen realen Hintergrund hat oder auf einer Täuschung beruht, die mit dem Fortschritt der Wissenschaft verschwinden wird, ist für uns augenblicklich belanglos. Es sei gleich hervorgehoben, daß wir in diesem Buche auf das möglichste beflissen sein werden, jede Hypothese und erst recht jedes Postulat oder gar Dogma zu vermeiden. Wir wollen nur konstatieren, daß gegenwärtig alle Naturwissenschaften, entsprechend jener Zweiteilung, sich in zwei große Gruppen teilen: in die physikalischen und die biologischen. In denjenigen Fällen, wo für die Zwecke dieses Buches eine genaue Anwendung der üblichen Terminologie nicht notwendig ist, können wir Vereinfachungen einführen, die sich als bequem erweisen. Wir wollen daher die Gesamtheit der Wissenschaften, welche sich auf den nichtlebenden Teil bezieht, einfach als Physik bezeichnen, obwohl dies dem Sprachgebrauch durchaus nicht entspricht. In Wirklichkeit hat man zu unterscheiden: die Physik und die Chemie, die mit der sogenannten toten Materie zu tun haben, und eine lange Reihe von Wissenschaften, deren Objekt ganz bestimmte Gruppen von toten Körpern bilden. Zu diesen Wissenschaften gehören z. B. Astronomie, Geologie, Mineralogie, Kristallographie, Geophysik u. a. Die angewandten Wissenschaften, Technik, Architektur usw. können wir offenbar unberücksichtigt lassen. Wem es gefällt, der kann ja auch diese unter den Sammelnamen „Physik" stellen. Wir werden also weiterhin als Physik die Gesamtheit der Wissenschaften verstehen, die mit dem nichtbelebten der beiden oben erwähnten „Teile" zu tun hat.

Die so definierte Physik hat, besonders in den letzten 50 Jahren, enorme Fortschritte gemacht. Neue Gebiete haben sich in ihr aufgetan, neue Begriffe und Vorstellungen sind entstanden, neue Erscheinungen, neue Gesetze wurden entdeckt. Hier ist nicht der Ort, auch nur eine flüchtige Charakteristik des gegenwärtigen Zustandes dieser Wissenschaft zu geben. Aus der Gesamtheit dessen, was sie weiß (Fakta) und was sie glaubt (Hypothesen, Theorien), ist das physikalische Weltbild aufgebaut. In beständigem Flusse wechseln die Umrisse und die Feinheiten der einzelnen Teile dieses Bildes. Aber gewisse, äußerst wichtige Teile stehen fest. Die Überzeugung von der Unerschütterlichkeit dieser Teile ist tief eingewurzelt in den Gedanken der Forscher und kein Physiker kann, darf, oder wird sich jemals von diesen Teilen lossagen oder zugeben, daß an ihnen gerüttelt wird. Er verwirft alles, was ihnen widerspricht.

Als Biologie bezeichnen wir, dem Sprachgebrauch folgend, die Gesamtheit der Naturwissenschaften, deren Objekt das Lebende ist; hierher gehören die Pflanzen und die Tiere mit Einschluß des Menschen. Nur als Kuriosum, dem wir keine Bedeutung beilegen, möchten wir darauf hinweisen, daß man den Begriff der Biologie, wenn man will, enorm erweitern kann. Man überzeugt sich leicht, daß wenn man die Mathematik und die Logik ausnimmt, alle die anderen, unzähligen Wissenschaften, soweit sie nicht zur erweiterten Physik gehören, als Teile einer verallgemeinerten Biologie aufgefaßt werden können. Hierher gehören die Geschichte, die Philologie, die Jurisprudenz, die Medizin, die Statistik, Anthropologie, Ethnographie, Volkslor usw. Allerdings werden der Historiker, der Philologe und der Jurist sehr erstaunt sein, wenn wir sie zu den Biologen rechnen. Aber alle jene Wissenschaften beziehen sich doch auf den Menschen, also auf etwas, das wir als lebend zu bezeichnen gewohnt sind. Und auch die Philosophie fügt sich in diesen erweiterten Rahmen, soweit es sich um Geschichte der Philosophie, Psychologie, Erkenntnistheorie, Ethik und Ästhetik handelt. Nur die Logik bleibt abseits stehen, wie auch die Mathematik. Für unsere weiteren Zwecke brauchen wir aber nur die Naturwissenschaften und diese teilen wir, wie gesagt, in Physik und Biologie.

Der Gegenstand der Biologie ist das sogenannte Lebende. Eines ihrer wichtigsten, vielleicht das wichtigste Objekt ist die „lebende" Zelle. Daneben steht die Frage der Organisation, der Feinstruktur der verschiedenen Teile der Pflanzen- und Tierkörper und der Rolle, die sie im „Leben" spielen. Wir wollen in allen Fällen, wo Meinungsverschiedenheiten herrschen und ungelöste Fragen vor uns liegen, denjenigen Standpunkt einnehmen, der am weitesten von allen Hypothesen entfernt ist und der festhält an Beobachtung und Erfahrung. Wir gehen daher von dem Gedanken aus, daß alle Vorgänge im Lebenden sich auf physikalische und chemische Prozesse zurückführen lassen — mit einer einzigen Ausnahme, von der weiterhin die Rede sein wird. In erster Linie nehmen wir an, daß alle Vorgänge in der Zelle physikalischer und chemischer Natur sind. Dies ist für uns keine Hypothese, sondern die Ablehnung jeder Hypothese von der Art des Vitalismus, Neovitalismus usw. Heute sind noch weitaus nicht alle Vorgänge in der Zelle auf physikalische und chemische in solcher Weise zurückgeführt, daß man sie nachahmen könnte. Aber die Biologie geht mit Riesenschritten vorwärts und bei der Behandlung des Problems, welchem diese Schrift gewidmet ist, dürfen wir uns nicht auf den gegenwärtigen Inhalt der Biologie beschränken. Das hieße ein Kartenhaus bauen, das bei dem nächsten Sturmwind einer großen Entdeckung zusammenstürzt.

Wir können sogar ruhig einen Schritt weiter gehen. Auf die Frage nach der Entstehung des ersten Lebens auf der Erde gibt die heutige Biologie noch keine Antwort. Bis jetzt hat man die Entstehung der organisierten, d. h. lebenden Materie nur dort beobachtet, wo solche Materie bereits vorhanden war. Es existiert aber kein wissenschaftlich unumstößlicher Beweis, daß eine solche Entstehung unmöglich sei. Eher das Gegenteil! Es ist doch ein unzweifelhaftes Faktum, daß diese Materie auf der Erde existiert und daß diese Erde sich einst in einem Zustand befand, der für solche Materie unbewohnbar war. Also muß sie doch irgend einmal entstanden sein, wenn auch vielleicht unter physikalisch-chemischen Bedingungen, die sich gegenwärtig gar nicht oder nur sehr schwer realisieren lassen. Aber die Wissenschaft geht weiter. Wenn es gelingen sollte, alle physikalisch-chemischen Vorgänge in der Zelle aufzuklären und nachzuahmen, so könnte es auch möglich werden, etwas Zellenähnliches zu konstruieren. Die Unmöglichkeit ist jedenfalls bis jetzt nicht bewiesen. Würde eine solche Zelle leben, sich entwickeln und vielleicht gar der Urahn einer ganz neuen Pflanzen- oder Tierreihe werden? Wir wollen nicht phantasieren, den festen Boden nicht verlassen. Wir wollen uns aber auch hüten auf solchen Boden zu bauen, der nicht auf ewige Zeiten zementiert ist; das letztere ist aber nur der Boden der Erfahrung, die von der Beobachtung, dem Experiment und deren kritischer Durcharbeitung genährt wird. Wir selbst behaupten nichts; wir wollen aber auch nicht von unbewiesenen Behauptungen ausgehen.

In diesem Buche interessiert uns nur ein einziges von all den unzähligen Objekten der Biologie. Dieses Objekt ist der Mensch und ihm wenden wir uns zu. Vielleicht unterscheiden sich die physikalisch-chemischen Vorgänge in seinem Körper wesentlich von denen in den anderen Lebewesen und in dem der Pflanzen. Die Differenzierung der Organe und ihre Feinstruktur (Gehirn) dürften beim Menschen einen besonders hohen Grad der Entwicklung erreicht haben. Aber in diesem Buche interessiert uns nur der Mensch als Ganzes. Durch Selbstbeobachtung und durch Beobachtung unserer Mitmenschen erhalten wir Antwort auf viele Fragen, die in analogem Bezug auf die Tiere unlösbar sind. Einen Versuch, diese Fragen und Antworten zu koordinieren und zu systematisieren, macht die Psychologie.

Die Beobachtung der anderen Menschen und, trivial ausgedrückt, der eigenen Person zeigt uns mancherlei. Wir denken nicht daran, uns hier in psychologische Betrachtungen einzulassen und begnügen uns, nur weniges hervorzuheben, was wir für unsere weiteren Zwecke brauchen werden. Und auch hier wollen wir festhalten an der naturwissenschaftlichen Methode und keine Hypothesen einführen, solange als dies möglich ist. Die Beobachtung zeigt uns folgendes:

I. Wir bemerken bei den einzelnen Menschen von Zeit zu Zeit gewisse Veränderungen, die als Gefühle, Stimmungen, Emotionen usw. auftreten. Das Studium dieser Veränderungen ist bekanntlich eine der Hauptaufgaben der Psychologie. Ärger, Zorn, Entrüstung, Angst, Trauer, Verzweiflung, Freude sind systemlos zusammengewürfelte Beispiele solcher vorübergehender Zustandsänderungen. Eine streng naturwissenschaftliche, hypothesenfreie Erklärung all dieser Erscheinungen existiert noch nicht. Wer aber bürgt dafür, daß sie nie gefunden wird? Es unterliegt ja nicht dem geringsten Zweifel, daß jene Erscheinungen von Änderungen begleitet werden, die im Körper des Menschen stattfinden und die doch unzweifelhaft in rein physikalischen und chemischen Vorgängen bestehen. Vielleicht bilden sich neue, spezifische chemische Verbindungen oder werden vorhandene zerlegt; vielleicht handelt es sich auch um strukturelle Veränderungen. Die große Frage wegen der zeitlichen

Aufeinanderfolge der physikalisch-chemischen Vorgänge und der oben erwähnten Veränderungen (wir vermeiden selbstverständlich solche Worte, wie „seelisch“, „psychisch“), ist ja viel umstritten und ungelöst. Vielleicht kann von einer Aufeinanderfolge überhaupt nicht die Rede sein, weil es sich um eine unteilbare Einheit handelt. O, wir können auch hier nach Belieben phantasieren, da wir keine Hyphothesen einführen, sondern nur danach streben, allen Hypothesen solange als möglich auszuweichen. Vielleicht kommt eine Zeit, wo man für alle jene Veränderungen die entsprechenden Spezifika nicht bloß kennen, sondern auch künstlich synthesieren wird. Mit den vielleicht parallel gehenden strukturellen Veränderungen, wird die Sache allerdings schwieriger sein.

II. Wir bemerken, daß die Menschen sich voneinander nicht nur durch ihre Größe, Körperform, Gesichtszüge usw. unterscheiden, sondern auch durch ihren Charakter, ihr Temperament, ihre Gewohnheiten und ihre Begabungen. Hier liegt die Sache schon etwas schwieriger, aber vielleicht doch nur scheinbar. Wir wollen ruhig weiter phantasieren über die möglichen zukünftigen Fortschritte der biologischen Wissenschaften im Laufe der Jahrhunderte, und in dieser Richtung uns zu den äußersten denkbaren Konzessionen bereit erklären. Wir wollen also zugeben, daß vor allem Charakter, Temperament und Begabung durch das Vorhandensein ganz bestimmter, spezifischer, chemischer Stoffe und ganz bestimmter struktureller Besonderheiten bedingt wird. Das Gegenteil ist ja nicht bewiesen. Wir wollen annehmen, daß dereinst, vielleicht nach vielen Jahrhunderten, diese chemischen Stoffe und diese Besonderheiten der Feinstruktur entdeckt sein werden. Mancherlei Vorstöße in dieser Richtung sind ja bereits versucht worden, und zwar nicht ohne Erfolg.

III. Außer den unter I und II erwähnten, haben es wir beim Menschen (nur von ihm ist hier die Rede) noch mit zwei Erscheinungen zu tun.

### Das Bewußtsein und die Gedanken.

Wir haben es nicht nötig, eine Definition der Worte „Bewußtsein“ und „Gedanken“ zu geben. Auch das Verhältnis der beiden Begriffe zueinander brauchen wir hier nicht zu analysieren. Vielleicht sind sie völlig oder beinahe identisch; vielleicht ist die Erkenntnis des Bewußtseins auch nur ein Gedanke. Wir können es den Philosophen im allgemeinen und den Psychologen im speziellen überlassen, diese Frage zu untersuchen; für unsere Zwecke hat sie keine Bedeutung. Wir sind auch hier zu Konzessionen bereit und denken uns die Möglichkeit zukünftiger Riesenfortschritte der Naturwissenschaften auch in bezug auf solche Erscheinungen, wie das Bewußtsein und die Gedanken. Auch hier werden vielleicht bestimmte Besonderheiten der Struktur und bestimmte physikalische und chemische Prozesse als notwendige Begleiterscheinungen des Bewußtseins und der Gedanken sich erweisen. Jedes Auftauchen eines Gedankens ist vermutlich mit gewissen physikalisch-chemischen Vorgängen verknüpft, deren vollständige Beschreibung die Biologie vielleicht dereinst liefern wird.

Wird nun aber diese Beschreibung auch zugleich eine erschöpfende, den Wissensdurst allseitig befriedigende Erklärung oder, besser — Aufklärung enthalten? Auf diese Frage antworten wir mit einem kategorischen Nein! Lassen wir das „Bewußtsein" aus dem Spiele und wenden wir uns zu den „Gedanken", auf die es uns am meisten ankommt.

Es ist die Aufgabe der Naturwissenschaften, die Wahrheit zu suchen und sich ihr zu nähern. Ob es die Aufgabe sei, die Wahrheit zu finden, ist eine offene Frage, denn wir wissen nicht, ob die Wahrheit der Erkenntnis des Menschen zugänglich ist, ob der Mensch sie begreifen kann. Wir müssen annehmen, daß es für den Menschen einen Horizont der Erkenntnis gibt und daß alles, was sich außerhalb dieses Horizonts befindet, dem Menschen für ewig verschlossen bleibt. Schön wäre es, wenn man die Existenz dieses Horizonts, dieser Erkenntnisgrenze leugnen könnte; wie würde dies unserem Stolz, unserem Selbstbewußtsein schmeicheln! Weg mit allem transzendentem, mit jeder Spur einer Metaphysik! Alles, was ist, muß begreiflich sein, d. h. muß auf physikalisch-chemische Vorgänge, bei Erfüllung gewisser struktureller Eigentümlichkeiten, zurückzuführen sein. O, wie wäre das herrlich! Es ist nicht nötig Bescheidenheit zu predigen; bekanntlich kommt man weiter ohne sie. Aber, die Überzeugung, daß jener Horizont existiert, erhebt sich vor uns mit elementarer, mit unbezwingbarer Gewalt, als ein Resultat unseres Denkens, unserer Erfahrung und unserer Kenntnis der Wissenschaft und ihrer Geschichte. Wir meinen die wahre Wissenschaft, nicht aber die der Dilettanten, die wohl etwas gehört, aber nicht verstanden haben und die das Unverstandene selbsttätig ausdehnen über alle Grenzen. Wir haben nicht das leiseste Recht, die Existenz jenes Horizonts zu bezweifeln. Selbst in der Physik ist vorsichtig der, vielleicht zu kühne, Gedanke ausgesprochen worden, daß diese Wissenschaft in bezug auf eine gewisse Gruppe von Erscheinungen nicht zur Klarheit gelangen kann und augenblicklich (Anfang 1925) gewissermaßen in eine Sackgasse geraten ist, weil es sich bei diesen Erscheinungen um Vorgänge handelt, deren innerstes Wesen sich außerhalb unseres Begriffsvermögens, außerhalb des Horizonts unserer Erkenntnis befindet. Doch wollen wir hoffen, daß dieser Gedanke nicht richtig sei und die Physik alle Schwierigkeiten überwinden und den Ausweg aus jener Sackgasse finden wird. Aber in bezug auf die „Gedanken" müssen wir diese Hoffnung aufgeben. Nicht nur ignoramus, sondern ignorabimus, solange wir Menschen sind und nicht auf dem Wege einer grandiosen Mutation zu einer höheren Stufe uns erhoben haben.

Also: die physikalisch-chemischen Erscheinungen, welche vermutlich jeden Gedanken begleiten, werden vielleicht einstmals klar vor uns liegen, aber niemals das innerste Wesen der Gedanken selbst.

In diesem Buche befindet sich nur **eine einzige,** vielleicht nur scheinbare **Hypothese** und diese wollen wir jetzt aussprechen. Wir nehmen an oder, richtiger, wir behaupten, daß der lebende Mensch nicht bloß der Sitz physikalischer und chemischer Erscheinungen ist, sondern noch ein Etwas enthält, was sich auf solche Erscheinungen nicht zurückführen läßt, und als dessen unzweifelhafte Äußerung wir einzig und allein die Gedanken bezeichnen. Diese Hypothese wollen wir nun allseitig beleuchten.

Als erste steht vor uns die Frage: ist diese Hypothese auch wirklich notwendig? Denken wir an die Namen: Euklid, Archimedes, Aristoteles, Phydias, Praxiteles, Rafael, Leonardo, Michelangelo, Newton, Laplace, Gauß, Fresnel, Faraday, Dante, Shakespeare, Goethe, Kant, Mozart, Beethoven und an hundert andere. Es kann ja sein, daß jede Begabung qualitativ und quantitativ durch das Vorhandensein gewisser chemischer Stoffe und gewisser Eigentümlichkeiten der Struktur bedingt ist und daß die Wissenschaft dereinst in dieser Frage vollkommene Klarheit schaffen wird. Aber das, was jene Menschen geschaffen haben, ihre Gedanken, die werden sich nie, nie, nie mit chemischen und physikalischen Prozessen identifizieren lassen. Da mußte noch etwas anderes vorhanden sein; die Notwendigkeit dieser Hypothese ist zweifellos. Wir gehen noch einen Schritt weiter und behaupten, daß es sich um gar keine Hypothese handelt. Daß jene Menschen existiert haben, ist ja unzweifelhaft. Wir haben es also mit einem Erfahrungssatz zu tun. Doch wollen wir über diesen, für uns unwesentlichen Punkt nicht streiten. Wem es gefällt, kann bei der „Hypothese" bleiben, d. h. die Möglichkeit zugeben, daß die euklidische Geometrie, die Werke des Aristoteles, das Parthenon, die Venus von Milo, die Sixtinische Madonna, die Mona Lisa, der Petersdom, die Principia, die Mécanique céleste, die Divina Comedia, die Kritik der reinen Vernunft, der Faust und die neunte Symphonie nur durch ein Spiel physikalischer und chemischer Kräfte entstanden sind, unterstützt durch eine passende Feinstruktur des Organimus. Wir machen nicht mit.

Als zweite steht vor uns die sehr wesentliche Frage, wie wir dasjenige benennen wollen, dessen Existenz die Möglichkeit der Gedanken bedingt. Im Namen dürfen keine weiteren Hypothesen versteckt sein und das ist fast stets der Fall, wenn der Name ein gebräuchliches Wort ist, von dem die Vorstellung gewisser Eigenschaften infolge langer Gewohnheit für uns so gut wie unzertrennlich ist. In der, oft unwillkürlichen Annahme dieser Eigenschaften steckt aber die Einführung neuer, unbegründeter und unnötiger Hypothesen. Manche Worte sind nicht loszulösen von Vorstellungen, die sie wie ein dichter Filz umwuchern, und nicht selten einen spekulativen oder gar dogmatischen Ursprung haben. Ein schönes Beispiel wäre in unserem Falle das Wort „Seele“. Von solchen viel zu viel sagenden, hypnotisierenden Benennungen wollen wir uns auf das äußerste hüten. Dasselbe gilt, wenn auch in verschiedenem Grade von den Worten: Psyche (als deutsch gewordenes Wort), Geist, Verstand, Vernunft usw. Die von uns einzuführende Benennung muß vollkommen neutral sein und keine Vorstellungen von irgendwelchen Eigenschaften oder Fähigkeiten erwecken, außer der einzigen: **die Existenz der Gedanken zu ermöglichen.** Diesen Bedingungen entspricht das absolut nichtssagende Wort

### das Etwas,

und an diesem wollen wir festhalten und uns hüten, dem Etwas Eigenschaften oder Fähigkeiten zuzuschreiben, außer der einzigen, die wir soeben durch fetten Druck hervorgehoben haben. Hoffentlich wird niemand behaupten, daß wir einfach das Wort „Seele“ durch ein anderes ersetzt haben. Mit dem Worte „Seele“ ist die Vorstellung einer ganzen Reihe von Eigenschaften oder Fähigkeiten unauflöslich verknüpft, ganz abgesehen von den dogmatisch eingeführten, wie z. B. eventuell die Unsterblichkeit. Wohl festzuhalten ist, daß wir das Etwas nur in bezug auf den **Menschen** einführen.

Wir kommen zur dritten und letzten Frage. Stellen wir es als ein Postulat hin, daß das Etwas nur im Menschen existiert und keinerlei andere Eigenschaften hat, als nur die Gedanken zu ermöglichen? Selbstverständlich — Nein! Denn diese Annahme wäre ja eine neue Hypothese, wäre eine, wenn auch nur als Beschränkung aufzufassende Eigenschaft des Etwas. Wir erwähnten oben eine Reihe von unzweifelhaft existierenden Erscheinungen: Gefühle, Stimmungen, Emotionen, Charakter, Temperament, Begabung und wir machten der Wissenschaft zukünftiger Jahrhunderte eine kolossale Konzession, indem wir die Möglichkeit zugaben, daß sie all diese Erscheinungen auf physikalisch-chemische Prozesse zurückführen wird. Aber wir haben dies selbstverständlich nicht behauptet. Ebensowenig denken wir daran zu behaupten, daß das Etwas in den erwähnten Erscheinungen gar keine Rolle spiele, denn das wäre ja wiederum eine neue Hypothese. Das Bewußtsein hatten wir anfangs ausdrücklich neben die Gedanken gestellt und es erscheint wohl als unzweifelhaft, daß auch das Bewußtsein des Menschen durch das Etwas bedingt wird. Aber diese Frage hat für den eigentlichen Inhalt dieses Buches keine Bedeutung. Wir wollen daher diese Frage nicht weiter berühren, um so mehr, da das Bewußtsein sich doch von den Gedanken unterscheidet. Man denke nur an solche Erscheinungen, wie Ohnmacht, Bewußtlosigkeit bei Krankheiten und vor allem an das Rätsel des Schlafes mit seinen Träumen. Wir könnten auch noch einen Schritt weiter gehen und darauf hinweisen, daß das Etwas vielleicht überall eine Rolle spielt, wo Leben vorhanden ist, also in jeder lebenden Zelle. Wir erwähnten oben, als äußerste Konzession, daß es möglicherweise dereinst gelingen könnte, eine künstliche Zelle zu erzeugen, die als Urahne neuer Lebewesen auftreten würde. Wäre das Etwas in allem Lebenden vorhanden, so müßte es stets von selbst dort erscheinen, wo den Bedingungen der chemischen Zusammensetzung und der Struktur genügt ist — ein Gedanke, der ja in monistischen Schriften vielfach ausgesprochen wurde. Für die Zwecke dieses Buches sind dies alles leere und unnütze Phantasien und wir bleiben fest bei der oben gegebenen Definition des Etwas, die uns genügt und durch die Worte „Mensch" und „Gedanken" erschöpft ist. Und wir wiederholen, daß durch diese Definition eigentlich keine Hypothese eingeführt, sondern nur ein Erfahrungssatz ausgesprochen wird.

Wir haben in diesem Kapitel von der Wissenschaft, genauer — von der Naturwissenschaft, gesprochen und ihr, in bezug auf mögliche Fortschritte in weit entfernten Jahrhunderten, das denkbar Äußerste zugestanden. Nur in einem einzigen Punkte waren für unsere Überzeugung und für unsere weiteren Zwecke keine Konzession möglich — das sind die Gedanken der Menschen. Ob nach unserer Überzeugung nicht vielleicht auch andere Punkte hierher gehören, ist für unsere Zwecke belanglos.

Drittes Kapitel.

# Religion.

Auch hier werden wir uns auf keine allgemeine Definitionen einlassen. Über den Ursprung, die Geschichte und die Einteilung der Religionen ist genug geschrieben und religionsphilosophische Untersuchungen sind seit Kant, Hegel, Schleiermacher nicht wenig angestellt worden. Wir gehen aus von dem Faktum: zu allen Zeiten und bei allen Menschen, die eine gewisse minimale Entwicklungsstufe erreicht hatten, finden wir irgend eine Form von Religion. Nicht nur die Zahl der inhaltlich verschiedenen Religionen, die es gegeben hat, sondern sogar die der jetzt existierenden, wenn man alle Varietäten und Sekten mit rechnet, ist enorm. Fast in allen Religionen steht im Zentrum eine Macht, die auch aus mehreren Teilen bestehen kann (Fetischismus, Polytheismus usw.). Die oberflächlichste Betrachtung zeigt nun, daß diese Macht, wie wir sie vorläufig kurz nennen wollen, fast stets und in fast unbegrenztem Maße von anthropomorphen Vorstellungen durchtränkt ist. Es gibt kaum ein auf den Menschen bezügliches Eigenschafts- oder Zeitwort, das nicht auch auf jene Macht angewandt worden wäre. Beispiele werden wir im fünften Kapitel anführen. Der Inhalt der Religionen ist ein äußerst vielseitiger: Göttergeschichten, Kosmogonien, zahllose Erzählungen der verschiedensten Art, Offenbarungen, Wunder, Dogmen usw. bilden ein buntes Gemisch von vielfach einander überdeckenden Teilen. Der alle Vorstellungen von jener Macht durchsetzende Anthropomorphismus ist so gewaltig, daß man den Satz, der Mensch sei nach dem Ebenbilde Gottes geschaffen, wohl ersetzen darf durch den anderen: der Mensch hat sich seinen Gott und erst recht seine Götter nach seinem Ebenbilde geschaffen.

Wenn wir in diesem Buche das Verhältnis zwischen Wissenschaft und Religion betrachten wollen, müssen wir jetzt genau definieren, was wir in diesem Zusammenhang unter Religion verstehen werden. Es ist ja möglich, daß die Wissenschaft sich den verschiedenen Religionen gegenüber nicht ganz gleich verhalten wird. Wir müssen daher zuerst hervorheben, welche, allen Religionen mehr oder weniger gemeinsamen, Züge sich erkennen lassen, womit aber durchaus nicht gesagt sein soll, daß diese Züge ein notwendiges Merkmal bilden und daß bei deren Abwesenheit nicht mehr von Religion gesprochen werden kann. Der Hauptzug dürfte wohl in der Annahme bestehen, daß es eine (transzendente) Macht gibt, von der folgende drei, durchaus verschiedenwertigen Sätze gelten:

1. Die Macht kann eingreifen in die Geschehnisse der materiellen Welt. Dies ist das Gebiet des sogenannten Wunders.

2. Dank dieser Macht ist die Welt entstanden, die tote und die lebende.

3. Diese Macht kann eingreifen in die Geschicke der Menschen.

Wir haben zweimal geschrieben „eingreifen"; vielleicht wäre es richtiger dafür „bewußt eingreifen" zu setzen. Aber wir wollen uns in diesem Buche der äußersten Vorsicht in der Benutzung jeglicher Epitheta befleißigen, da sie fast stets mehr oder weniger versteckte Hypothesen enthalten. Das Bewußtsein ist uns nur beim Menschen bekannt und in den Worten „bewußt eingreifen", wäre bereits ein offenkundiger Anthropomorphismus enthalten, den wir nicht gezwungen sind als notwendig hinzustellen. Wir erwähnten bereits, daß die obigen drei Sätze durchaus ungleichwertig seien und wir behaupten, daß nur einer von ihnen ein bedingungslos notwendiger Bestandteil der Religion sei, so daß ohne ihn der Begriff einer Religion verschwindet, undenkbar ist, und zwar ist dies der dritte Satz. Im ersten Satze ist die Rede von einem Eingriff in die Geschehnisse der materiellen Welt; wir können einen solchen Eingriff kurz, wenn auch vielleicht nicht ganz streng als Wunder bezeichnen. Allerdings dürfte das „Wunder" faktisch ein Bestandteil der meisten, vielleicht, wenn auch nicht stets in klar ausgesprochener Weise, sogar aller Religionen sein. - Aber notwendig ist es nicht, und es ist unmöglich zu behaupten, daß eine Religion in der nicht ausdrücklich von Wundern erzählt wird, diesen Namen nicht verdiene. In noch höherem Grade gilt dies von dem zweiten Satze, der von der Erschaffung der Welt, d. h. dem größten aller Wunder, berichtet. Allerdings spielt gerade dieses Wunder eine große Rolle in zahlreichen Religionen, aber niemand wird sagen, daß es mit dem Begriff der Religion unauflöslich verwachsen sei und daß wir es nicht mit einer Religion zu tun haben, wenn dieser Satz nicht ausdrücklich unter den Dogmen zu finden ist.

So bleibt nur der dritte Satz und ihn stellen wir hin als den einzigen, bedingslos notwendigen, objektiven Bestandteil dessen, was Religion genannt werden kann. Er, ganz allein, ist, objektiv betrachtet, bereits eine Religion.

Also: Wir haben eine Religion vor uns, wenn der Satz aufgestellt wird, daß es **eine (transzendente) Macht gibt, welche eingreifen kann in die Geschicke der Menschen.**

Bei dem Worte „transzendente" (Macht), wie üblich als Gegenteil von immanent, wollen wir uns hier noch nicht aufhalten. Insoweit, als dies Wort das bezeichnet, was sich jenseits möglicher Erfahrung befindet, wollen wir die Frage vorläufig offen lassen. Jedenfalls ist in diesem Epitheton bereits eine zusätzliche Hypothese versteckt, deren unbedingte Notwendigkeit erst zu beweisen wäre und an diesen Beweis könnte man erst herantreten, wenn eine sehr genaue „Erfahrung" vorliegen wird. Durch den obigen Satz ist ein objektives Charakteristikum der Religion ausgesprochen. Aber dieses Charakteristikum allein genügt nicht. Von einer Religion kann nur dann die Rede sein, wenn es auch Menschen gibt, die ihre Anhänger sind. In diesen Menschen muß sich die Religion durch eine Reihe von Erscheinungen bemerklich machen, die wir hier keiner Analyse zu unterwerfen brauchen. Sie werden in allverständlicher Weise charakterisiert durch solche Worte wie: Glaube, Frömmigkeit, Hingabe, Erbauung, Hoffnung, Zuversicht, Unterwerfung und Trost. Hierher gehört auch als Grenzerscheinung die Ekstase. So haben wir denn **zwei Charakteristika** dessen, was Religion ist: ein objektives und ein subjektives.

# Viertes Kapitel

# Die Wissenschaft und die Religionen.

Es könnte scheinen, daß wir nun bei dem eigentlichen Thema dieses Buches angelangt seien. Das ist durchaus nicht der Fall, denn dies Thema werden wir erst im nächsten Kapitel aufstellen können. Wohl aber sind wir angelangt an dem Thema der allermeisten jener Schriften, in deren Titeln von „Wissenschaft und Religion" die Rede ist. Es handelt sich wohl fast stets um das Verhältnis der Wissenschaft zu den existierenden Religionen, in vielen Fällen sogar ganz speziell zur christlichen Religion. Vereinfacht und trivial ausgedrückt, handelt es sich um die Frage: was sagt die moderne Naturwissenschaft zu den religiösen Dogmen? Also etwa zu den Erzählungen, Offenbarungen, Wundern, zu den Kosmogonien, zum Jenseits usw. usw.?

Bei der Abfassung dieses Buches haben wir uns vorgenommen jedes Wort strengstens abzuwägen, damit bei keinem Leser Anstoß erregt und niemand in seinen Gefühlen verletzt wird. Wir führen daher kein einziges Beispiel an, welches zur Dogmatik der gegenwärtig existierenden Religionen gehört. Es ist ja klar, daß bei der hier zu behandelnden Frage nur die jetzt existierenden Religionen unserer lebenden Mitmenschen ein aktuelles Interesse haben können, und zwar unabhängig davon, wie wir das Thema dieses Buches endgültig formulieren werden. Es wäre ja lächerlich zu fragen, was die heutige Naturwissenschaft zu irgend einer der schönen antiken Religionen oder gar zum Fetischismus sagt. Weniger trivial, als oben ausgedrückt, können wir das gewöhnliche Thema der Schriften, welche von „Wissenschaft und Religion" handeln, so ausdrücken: können die Resultate der modernen Naturwissenschaft und die Dogmen der modernen Religionen nebeneinander bestehen? Existiert zwischen ihnen ein unüberbrückbarer Widerspruch? Je nach dem wie man diese Frage angreift, erhält man zwei verschiedene Antworten. Was das tatsächliche Nebeneinanderbestehen betrifft, also die Koexistenz in ein und demselben Menschen, so zeigt der Augenschein, die vielfache Erfahrung, daß eine solche Koexistenz wohl möglich ist. Es genügt daran zu erinnern, daß es eine große Anzahl von hervorragenden Naturforschern gegeben hat und auch gegenwärtig gibt, die überzeugte Anhänger einer der existierenden Religionen sind und sich offen als solche bekennen. Die Erklärung dieses Sachverhaltes dürfte, je nach dem Einzelfalle, verschieden ausfallen. Eine Systematik dieser Erklärungen ist aus naheliegenden Gründen unmöglich. Eine Ankete ist wohl nie versucht worden und dürfte auch kein genügendes Material ergeben. Wir haben es hier mit einem unzweifelhaften Faktum zu tun, das uns aber unmöglich als Ausgangspunkt für weitere Betrachtungen dienen kann.

Wir wenden uns also zur zweiten Hälfte der oben formulierten Frage: **Existiert zwischen den Resultaten der modernen Naturwissenschaften und den Dogmen der modernen Religionen ein unüberbrückbarer Widerspruch?** Mit dieser Frage ist wohl in einfachster Form das eigentliche Thema der Schriften formuliert, in welchen über „Wissenschaft und Religion" Untersuchungen angestellt sind. In den meisten Fällen handelt es sich darum, nachzuweisen, daß der Widerspruch kein bedingungsloser ist, daß eine mehr oder weniger gangbare Brücke sich aufbauen läßt. In anderen Fällen wird versucht, den Widerspruch abzuschwächen auf Grund einer kritischen Durchmusterung sowohl der Naturwissenschaften, als auch einer bestimmten Religion. Dabei sucht die Kritik der Naturwissenschaften nachzuweisen, daß diese oder jene ihrer Resultate nicht als endgültige anzusehen seien, während die Kritik der betreffenden Religion darauf hinausläuft zu zeigen, daß gewisse Dogmen und besonders gewisse Erzählungen als unwesentlich, als nur symbolisch aufzufassende zu betrachten sind.

Wir machen uns die Sache bequem: **Wir beantworten die obige Frage kurz und bündig mit einem kategorischen Ja.** Wir halten jeden Versuch, diese Ansicht zu erklären oder gar zu beweisen, für vollkommen überflüssig. Erstens, weil wir auf dem Boden der modernen Wissenschaften stehen und weil wir denken, daß wir den Grad der Glaubwürdigkeit oder das Gewicht ihrer einzelnen Resultate wohl imstande sind, richtig abzuschätzen. Zweitens, weil jeder Versuch eines Beweises unserem Vorsatz widersprechen würde, niemanden zu kränken. Wer entgegengesetzter Meinung ist, der möge ihre Richtigkeit beweisen, aber dabei nicht vergessen, daß es sich in diesem kurzen Kapitel nicht um den allgemeinen Begriff der Religion, sondern um eine der jetzt existierenden Religionen handelt, und zwar mit allen ihren Dogmen, Erzählungen usw. Dabei sollen Religionen, die sich durch einen vereinfachten Inhalt auszeichnen (theoretischer Buddhismus, s. weiter unten), vorläufig ausgeschlossen sein.

# Fünftes Kapitel

# Wissenschaft und Religion.

Aus den früheren Kapiteln wollen wir zur Bequemlichkeit die hauptsächlichsten Resultate hier nochmals zusammenstellen.

I. (Kap. 2). Wir müssen annehmen, daß es für den Menschen einen Horizont der Erkenntnis gibt.

II. Eine Beschreibung der physikalisch-chemischen Begleiterscheinungen und der strukturellen Vorbedingungen der Gedanken enthält noch nicht eine erschöpfende, den Wissensdurst allseitig befriedigende Erklärung oder Aufklärung der Entstehung und des Wesens der Gedanken.

III. Die einzige scheinbare Hypothese in diesem Buche: der Mensch ist nicht nur der Sitz physikalischer und chemischer Erscheinungen; er enthält noch etwas, das sich auf solche Erscheinungen nicht zurückführen läßt und als dessen Äußerung wir einzig und allein die Gedanken des Menschen bezeichnen. Wir nennen es das Etwas.

IV. Wir bezweifeln, daß der vorhergehende Satz eine Hypothese sei; wir sind der Ansicht, daß es ein Erfahrungssatz ist.

V. Wir lassen die Frage, ob die Gedanken des Menschen auch wirklich die einzige Äußerung des Etwas sind, vollkommen offen.

VI. (Kap. 3). Damit eine Religion auch wirklich eine Religion sei, hat sie zwei Bedingungen zu genügen: 1. sie muß die Behauptung enthalten, daß es eine (transzendente) Macht gibt, welche eingreifen kann in die Geschicke der Menschen; 2. es müssen Menschen vorhanden sein, in denen diese Religion sich durch Erscheinungen bemerkbar macht, welche am Ende des dritten Kapitels durch eine Reihe von Worten in für alle verständlicher Weise charakterisiert wurden.

VII. (Kap. 4). Zwischen den Resultaten der modernen Naturwissenschaften und den Dogmen der modernen Religionen besteht ein unüberbrückbarer Widerspruch.

Fest auf diesen Sätzen stehend, und nur auf diesen, wollen wir versuchen weiter zu gehen. Das alte Problem, eine Brücke zu bauen zwischen den Naturwissenschaften und den modernen Religionen haben wir als hoffnungslos verworfen. Wir müssen uns also ein anderes Problem suchen, dessen Behandlung als das Thema dieses Buches erscheinen wird.

Dieses Thema lautet:

**Läßt sich eine Religion konstruieren, die in keinem Widerspruch steht zu den modernen Naturwissenschaften?**

**Ihm ist dieses Buch gewidmet.** Wir wollen es versuchen, diese Konstruktion aufzubauen auf dem festen Boden der Erfahrung und der Beobachtung und dabei mit der größten Aufmerksamkeit jede Hypothese vermeiden außer der im Satz III ausgesprochenen; nach dem Satz IV bleibt es zweifelhaft, ob hier von einer Hypothese gesprochen werden kann, ob wir es nicht vielmehr mit einem Erfahrungssatze zu tun haben. Sollte es uns gelingen, eine solche Religion zu konstruieren, so würde sie fester fundiert sein, als irgend eine von den Naturwissenschaften mit ihren zahlreichen Hypothesen.

Damit die zu konstruierende Religion auch wirklich eine Religion sei, muß sie selbstverständlich den im Satz VI ausgesprochenen Bedingungen genügen. Wir stellen also die Behauptung auf: **Es gibt eine (transzendente) Macht, welche eingreifen kann in die Geschicke der Menschen.**

Es könnte scheinen, daß wir durch Einführung dieser Behauptung unserem Vorsatz, keine Hypothese aufzustellen, außer der im Satz III, die kaum diesen Namen verdient, bereits untreu geworden sind. Das ist aber offenbar durchaus nicht der Fall. Denn als wir uns als Thema dieses Buches die Frage vorlegten: Läßt sich eine Religion konstruieren, die in keinem Widerspruch steht zu den modernen Naturwissenschaften? haben wir damit bereits die Möglichkeit einer solchen Religion zugegeben und damit also auch ganz allgemein die Möglichkeit einer Religion. Wollten wir diese Möglichkeit a priori leugnen, so wäre ja das Thema dieses Buches sinnlos. Mit der bloßen Aufstellung dieses Themas ist also bereits die Möglichkeit einer Religion zugegeben; da aber eine solche ohne die obige Bedingung unmöglich ist, so ist also die Aufstellung der obigen Behauptung identisch mit der Aufstellung des Problems, welches das Thema dieses Buches bildet.

Was nun die zweite der im Satz VI enthaltenen Bedingungen betrifft, so ist es klar, daß sie hier etwas anders formuliert werden muß, nämlich: Es muß möglich sein, daß diese Religion in Menschen Erscheinungen hervorruft, welche am Ende des dritten Kapitels durch gewisse, allen verständliche Worte charakterisiert wurden. Diese Worte waren: Glaube, Frömmigkeit, Hingabe, Erbauung, Hoffnung, Zuversicht, Unterwerfung, Trost und als Grenzerscheinung die Ekstase. Man sieht wohl sofort, daß die zweite Bedingung des Satzes VI von selbst erfüllt ist, sobald der ersten genügt wird. Denn alle diese Worte wurzeln einzig und allein in dem Glauben an die Macht, welche in die Geschicke der Menschen eingreifen **kann**. Es bleibt also nur die erste Bedingung, d. h. die oben fett gedruckte Behauptung.

Zur Abkürzung wollen wir die Gesamtheit der durch jene Worte charakterisierten Erscheinungen als innere Religion bezeichnen.

Nun taucht aber, wenn auch vorläufig in nebelhafter Ferne, der kühne Gedanke auf, daß jene Behauptung möglicherweise einer Prüfung zugänglich sein könnte, daß sie durch Beobachtung und Erfahrung sich könnte stützen lassen und daß auf diesem Wege die zu konstruierende Religion sich, ihrem inneren Wesen nach, den Naturwissenschaften nähern könnte. Wir werden zu diesem Gedanken später zurückkehren.

Bei dem leisesten Versuch, nunmehr weiter zu bauen und dabei bedingungslos festzuhalten an unserem Vorsatz, kein hypothetisches Element einzuführen, stoßen wir auf eine enorme Schwierigkeit: die Wahl der zu benutzenden Terminologie! Mit den gebräuchlichen Worten sind stets verschiedene, meist sogar sehr zahlreiche Begriffe unauflöslich verbunden, insbesondere Vorstellungen von verschiedenen Eigenschaften und Fähigkeiten, von denen die letzteren sich durch Zeitworte ausdrücken. Jeder von diesen Begriffen enthält eine mehr oder weniger offenkundige Hypothese, deren Einführung nichts weniger als notwendig, dabei aber im höchsten Grade schädlich ist.

Wie wollen wir jene Macht, welche in die Geschicke der Menschen eingreifen kann, benennen?

Wir erwähnten bereits zweimal, daß wir uns fest vorgenommen haben, jedes Wort zu vermeiden, welches Anstoß erregen, die religiösen Gefühle irgend eines Menschen kränken könnte. Wir bitten daher, die nachfolgenden Zeilen mit ruhiger Überlegung und vor allem ohne Voreingenommenheit zu lesen, obwohl sie beim ersten Eindruck wohl erschrecken und kränken könnten. Nichts liegt uns ferner, als auch nur eine Spur von Blasphemie.

Das Wort „Gott" ist leider, leider, leider von einer kolossal dicken, unablösbaren Schicht rein anthropomorpher Begriffe umkleidet, die sich auf Eigenschaften, Fähigkeiten, teilweise sogar, wenigstens in den Köpfen vieler Menschen, auf die Form beziehen. Alle diese Eigenschaften und Fähigkeiten sind der Beobachtung des Menschen entnommen. In bezug auf Gott werden benutzt die Zeitwörter: sehen, hören, wissen, wollen, leiten, schaffen, lieben, hassen, strafen, rächen, zürnen, verzeihen, sprechen, prüfen, geben, nehmen, ruhen, erscheinen, sitzen, thronen. Und daneben die Eigenschaftswörter: allmächtig, wissend, weise, barmherzig, gütig, gnädig, nachsichtig. Beide Verzeichnisse lassen sich unzweifelhaft bedeutend verlängern. In den 27 Worten sind 27 Hypothesen enthalten. Faßt man sie zusammen, so erhält man das Bild eines Übermenschen, das man trotz aller Anstrengungen nicht loswerden kann. Dazu kommt, daß unzweifelhaft viele Menschen sich Gott männlich vorstellen. Ob die Macht, von der in unserem Satz VI die Rede ist, alle jene 27 Eigenschaften und Fähigkeiten besitzt, ist eine unnötige Frage; ihre Existenz a priori anzunehmen, liegt kein Grund vor. Den Namen „Gott" können wir jener Macht unmöglich beilegen, denn dieser Name bedeutet diejenige Macht, von der in modernen Religionen die Rede ist, und diese Religionen geben keine Lösung unseres Problems, wie im Satz VII festgelegt ist. Wollten wir das Wort gebrauchen, so würden wir beständig durch die obigen Eigenschaften und Fähigkeiten gestört werden, von denen wir uns gedanklich nicht losreißen könnten.

Es muß also ein Name gefunden werden, ein Wort, mit dem keinerlei Vorstellung irgendwelcher bestimmter Eigenschaften und Fähigkeiten verbunden ist, und darin liegt eine große Schwierigkeit. Wir haben lange gesucht und geschwankt. Das naheliegende Wort „die Macht" ist durchaus unpassend. Unabhängig davon, daß „die Macht" offenbar eine ganz bestimmte Eigenschaft besitzt, nämlich „mächtig" ist, worin bereits eine Hypothese liegt, ist das Wort zu trivial, zu alltäglich und hat zu viele andere Bedeutungen. Sogar das Einzige, was wir in bezug auf jene Macht postulieren mußten, um eine Religion zu konstruieren, nämlich, daß sie in die Geschicke der Menschen eingreifen kann, bezieht sich, wenn auch vielleicht nur scheinbar, noch auf vieles andere. Es genügt wohl, an die Macht der Vorgesetzten zu erinnern. Dies ist der Grund, warum wir, obwohl ungern und nur vorläufig, einigemal das Wort „transzendente" hinzufügten, wenn auch nur in Klammern. Wir werden es nicht weiter gebrauchen.

Wir dachten an solche Worte, wie „Weltgeist", „Weltseele" usw. Aber mit den Worten „Geist", „Seele" und ähnlichen sind viel zu viele, wenn auch nebelhafte Vorstellungen verknüpft, und gerade weil sie nebelhaft sind, wird man unwillkürlich zu dem Versuch geführt, den Nebel zu zerstreuen, klarer zu sehen und dem, was durch dies Wort bezeichnet wird, begreifbare Attribute zuzuschreiben, was wir ja auf das äußerste vermeiden wollen. Wir suchen ein vollkommen neutrales Wort, das keine Vorstellungen von bestimmten Eigenschaften und Fähigkeiten hervorruft, ein vollkommen nichtssagendes Wort. Wir dachten sogar an einen Buchstaben, z. B. „das A", doch ließen wir diesen Gedanken sofort wieder fallen. Stellen wir uns vor, daß wir weiterhin zu dem Begriff des Betens gelangen könnten. „Zu dém A beten" klingt und ist einfach lächerlich.

Nach langem Suchen fand sich ein Wort, das allen Anforderungen genügt. Es wird wohl jedem im ersten Augenblick sehr sonderbar vorkommen und man muß sich an dies Wort erst gewöhnen; wir waren erstaunt, wie schnell uns dies gelungen ist, und hoffen, daß dasselbe, bei etwas gutem Willen, auch bei anderen der Fall sein wird. Das Wort, d. h. der neue Name für die (transzendente) Macht, welche im Satz VI gemeint ist, lautet

### das ES.

Zum Unterschiede von dem Fürwort „es" wird dies Wort mit zwei großen Buchstaben geschrieben. Dies Wort ist in jeder Beziehung völlig neutral, und nicht die leiseste Spur einer Vorstellung von irgendwelchen Eigenschaften oder Fähigkeiten ist mit diesem Worte verbunden. Das einzige, was wir dem ES bisher zuschreiben mußten, ist, daß das ES in die Geschicke der Menschen eingreifen kann. Wie dies geschieht, ist eine andere Frage, deren Beantwortung uns jetzt bevorsteht. Das Wort „ES" setzen wir also an die Stelle des Wortes „Gott" mit seiner unzulässigen Hülle anthropomorpher Vorstellungen.

Wir wollen vorerst einen Punkt erledigen. Im dritten Kapitel war als Hauptzug der modernen Religionen (Buddhismus ausgeschlossen) die Annahme hingestellt, daß es eine Macht gibt, welche

1. eingreifen kann in die Geschehnisse der materiellen Welt;
2. die Welt geschaffen hat;
3. eingreifen kann in die Geschicke der Menschen.

Wir erklären bereits dort nur den dritten Satz als so wesentlich, daß ohne ihn von einer Religion nicht die Rede sein kann, und wir haben daher zwangläufig den Inhalt dieses Satzes auf das ES bezogen. Nur kurz wollen wir die Frage streifen über das Verhältnis des ES zu den ersten beiden Sätzen.

Kann das ES in die Geschehnisse der materiellen Welt eingreifen? Eine vollkommen müßige Frage, die mit dem wahren Wesen der Religion gar nichts zu tun hat und deren kategorische Beantwortung identisch wäre mit der Einführung einer vollkommen nutzlosen Hypothese, deren Möglichkeit oder Wahrscheinlichkeit sich auf keine Weise prüfen läßt. Unerschütterlich fest steht der Satz: das ES greift in die Geschehnisse der materiellen Welt nicht ein. Ob das ES eingreifen **kann,** ist vollkommen gleichgültig und spielt in der inneren Religion (s. oben) nicht die geringste Rolle.

In noch viel höherem Grade gilt das eben Gesagte für den zweiten der obigen Sätze, also für die Frage, ob das ES die Welt geschaffen hat. Diese Frage ist einfach unzulässig, um nicht zu sagen — lächerlich, denn es handelt sich bei ihr um die Verbindung eines unbekannten X mit einem unbekannten Y. Das X ist die Welt, das Universum. Wir wissen von ihm nichts; wir können nur die verschiedenen Möglichkeiten aufzählen, zwischen denen die Wissenschaft hin und her schwankt; dies bezieht sich auch auf den Inhalt des Universums. Ob ein Äther das Universum erfüllt, ist nicht endgültig entschieden. Was das Licht (oder, allgemeiner, die strahlende Energie) ist, wissen wir nicht. Die Materie besteht aus Elektronen und Protonen, deren Inhalt, Bau und inneres Wesen vollkommen unbekannt sind. Und all dies Dunkel wird nur noch mehr verdunkelt durch den Satz, daß nicht nur die Materie, sondern auch die Energie Masse besitzt und daß daher bei jeder Ausstrahlung die Masse des Ausstrahlenden verringert wird. Läßt sich dieser Vorgang überhaupt scharf von einem Verschwinden der Materie unterscheiden? Wenn 16 g Sauerstoff sich mit 2 g Wasserstoff verbinden, so entstehen nicht 18 g Wasser, sondern um 3,2 Millionstel Milligramm weniger. Es hat ein Massenverlust stattgefunden, dessen innerer Mechanismus durchaus nicht aufgeklärt ist. Es ist dafür strahlende Energie entstanden, über deren Struktur und Wesen wir erst recht nichts wissen. Und dieses große X will jener Satz in Verbindung bringen mit dem großen Y, dem ES! Was soll eigentlich geschaffen sein? Der Äther, die Energie, die Materie oder vielleicht gar der Raum, dessen Existenz ohne Inhalt undenkbar ist? Die ganze Frage hat überhaupt gar keinen faßbaren oder definierbaren Sinn. Dem Glauben an das ES, der Hoffnung, dem Trost und all den anderen Erscheinungen der inneren Religion ist es höchst gleichgültig, ob das ES die Welt geschaffen hat oder nicht.

So bleibt denn nur der dritte Satz, der da sagt, daß das ES in die Geschicke der Menschen eingreifen kann. Ohne diesen Satz hätten wir es nicht mit einer Religion zu tun, und eine Religion ist es ja, die wir konstruieren wollen; sie soll in keinem Widerspruch stehen zu den Resultaten der modernen Naturwissenschaften. So kommen wir zu dem Kernpunkt dieses Buches, zu der Frage: auf welche Weise kann das ES in die Geschicke der Menschen eingreifen? Die Antwort auf diese Frage werden wir im siebenten Kapitel geben, welches als Fortsetzung dieses fünften Kapitels zu betrachten ist. Vorerst wollen wir uns einer anderen Frage zuwenden und ein Kapitel einschieben.

# Sechstes Kapitel

# Das Schicksal des Menschen.

Offenbar hat man das allgemeine Schicksal eines Menschen von dem speziellen zu unterscheiden. Das erstere ist vollkommen bestimmt, liegt sozusagen fertig vor uns, wenn der Mensch geboren ist und wird durch folgende Umstände eindeutig festgelegt:

1. Die Zeit der Geburt (2000 vor Chr. oder 1900 nach Chr.),
2. Das Volk, zu dem er gehört (Engländer, Chinesen, afrikanische Neger),
3. Die soziale Stellung der Eltern.
4. Angeborene Anlagen (Begabung, Talent, Charakter).

Das allgemeine Schicksal bildet den gegebenen Fond, auf dem das spezielle sich einzeichnet. Das „Schicksal", welches im Satz VI (Anfang des fünften Kapitels) erwähnt ist, kann selbstverständlich nur das spezielle sein, und nur von diesem ist weiterhin die Rede.

Der Inhalt dieses Kapitels soll uns das Fundament geben, auf dem wir die zu konstruierende Religion aufbauen, und zwar das feste, unerschütterliche, weil auf **Beobachtung und Erfahrung** beruhende Fundament. Dringend bitten wir den Leser um große Geduld! Wir stellen eine Behauptung auf, deren absolute Richtigkeit zu beweisen zehn dicke Bände wohl kaum genügen könnten. Es handelt sich um die Behauptung, daß jegliches Menschenschicksal im engsten Zusammenhang steht mit einer einzigen, ganz bestimmten Erscheinung, die als seine wichtigste Entstehungsursache anzusehen ist. Dies kann doch offenbar nur bewiesen werden, indem man alle möglichen Schicksale betrachtet und ihre Entstehungsursachen, oder, wie wir sie nennen wollen, ihre Quellpunkte aufsucht. Das ist unausführbar. Der einzige Weg ist der folgende: man nehme eine Reihe von möglichen Schicksalen und suche ihre Quellpunkte; man findet stets den gleichen. Nach kurzer „Übung" sieht man ein, daß dies in den meisten Fällen der Fall sein muß, und man beginnt nach solchen Schicksalen zu suchen, wo die Sache, auf den ersten Blick nicht stimmt. Aber bei genauer Analyse kommt man doch fast immer wieder zu demselben Quellpunkt. Es bleibt nichts übrig, als die Richtigkeit der Behauptung zuzugeben. Diesen Weg sind wir gewandelt und haben viel Zeit auf ihn verwendet. Schriftlich läßt sich dieser Weg nicht durchführen, die ganze Arbeit nicht wiederholen. Dies ist der Punkt, der uns veranlaßt, die Geduld des Lesers in Anspruch zu nehmen. Wir müssen ihn bitten unsere Arbeit selbständig zu wiederholen, d. h., nach Durchlesung dieses Kapitels nach solchen Beispielen von Menschenschicksalen zu suchen, die sich auf diesen Quellpunkt nicht zurückführen lassen. Er wird nur sehr geringen Erfolg haben. Und sollte es ihm doch gelingen, so würde dies für unsere Zwecke keine Bedeutung haben, denn unsere Betrachtungen würden nicht umgestoßen, wenn es sich herausstellen sollte, daß doch einer unter einer großen Anzahl von Fällen einen anderen Quellpunkt besitzt.

Ehe wir unsere Behauptung aufstellen, wollen wir das Wort „Schicksal" erweitern. Das Schicksal eines Menschen wird doch offenbar aufgebaut aus einer Reihe von Ereignissen, die genauer als Lebensereignisse zu bezeichnen sind; wir wollen den abgekürzten Ausdruck L.-Ereignisse benutzen. Der Begriff des L.-Ereignisses läßt sich fast unbegrenzt erweitern, denn alles, was der Mensch tut, alles was mit ihm oder um ihn geschieht und in irgend einem Zusammenhang mit ihm steht, kann als L.-Ereignis angesehen werden. Man könnte versucht sein, diesen Begriff etwas einzuengen, indem man nur diejenigen Geschehnisse als L.-Ereignisse bezeichnet, die von irgendwelchen Folgen begleitet sind. Aber dies ist unmöglich, denn der Begriff der „Folge" ist ein unendlich dehnbarer. Es genügt wohl ein drastisches Beispiel. Ich zünde eine Zigarette an, rauche sie zu Ende und werfe den Stummel weg. Eine sichere Folge ist, daß eine ganze Reihe weiterer L.-Ereignisse um soundso viel Sekunden später stattfinden wird. Wir dürfen nicht bloß die L.-Ereignisse in Betracht ziehen, auf welche sich der bekannte Spruch bezieht: „Kleine Ursachen — große Wirkungen", und wollen also den Begriff des L.-Ereignisses nicht weiter einengen. Die L.-Ereignisse bilden eine ununterbrochene Kette, deren innerer Zusammenhang in Ort, Zeit und Form vielleicht nicht immer klar vorliegt, aber stets existiert und durch nachträgliche Überlegung sich finden läßt. Aus der Gesamtheit aller L.-Ereignisse erwächst das Schicksal des Menschen. Es ist selbstverständlich, daß das Schicksal eines einzelnen Menschen nicht bloß von den L.-Ereignissen gebaut wird, die sich direkt, also persönlich auf ihn beziehen, sondern, und sogar hauptsächlich, auch von solchen, die bei ganz anderen Menschen eingetreten sind. Alle diese L.-Ereignisse bilden ein unentwirrbares

Netz vielfach ineinander verschlungener Ringe. Jedes L.-Ereignis ist an einen bestimmten Ort (Raum) und an ein bestimmtes Zeitintervall gebunden.

Wir haben das Wort „L.-Ereignis" zur Abkürzung statt „Lebensereignis" gesetzt. Um Mißverständnisse zu vermeiden, wollen wir noch das Wort „Geschehnis" einführen, welches jeden beliebigen Vorgang bezeichnet, der ja auch gewöhnlich Ereignis genannt wird. Nach unserer Terminologie ist ein Geschehnis nur dann ein L.-Ereignis, wenn es in irgend einem Zusammenhang steht mit einem Menschen. Dazu genügt, daß der Mensch das Geschehnis bemerkt; doch ist dies selbstverständlich nicht notwendig, da die Folgen des Geschehnisses, das vielleicht weit von ihm entfernt stattgefunden, sich später für den betreffenden Menschen offenbaren können.

Nun kommen wir zu unserer oben erwähnten Behauptung, die wir als Satz VIII (s. Anfang des fünften Kapitels) bezeichnen werden.

**VIII. Als Quellpunkt fast aller L.-Ereignisse erweist sich ein Gedanke.**

Diese Behauptung ist es, die wir den Leser bitten, selbständig zu prüfen, nachdem er dies Kapitel beendigt hat. Unter dem Worte „Gedanken" verstehen wir selbstverständlich nicht etwa nur das Resultat eines Nachdenkens oder eines plötzlichen Einfalls. Jede bewußte Tätigkeit, jeder Entschluß (oder Beschluß) wird durch einen Gedanken hervorgerufen. Wenn es sich um das Ereignis in bezug auf einen bestimmten Menschen handelt, so kann der Quellpunktsgedanke demselben Menschen angehören oder auch anderen Menschen; er kann in einem weit entfernten Orte und zu einer weit zurückliegenden Zeit entstanden sein.

Wir wollen uns mit wenigen, teilweise ganz trivialen Beispielen begnügen und das übrige dem Leser überlassen. Nur ein aus dem Leben gegriffenes Beispiel werden wir im nächsten Kapitel etwas ausführlicher erzählen. Wir verfahren ungefähr nach folgendem Rezept. Ein bestimmtes L.-Ereignis wird ins Auge gefaßt und es werden alle nur erdenkliche Fragen gestellt, die auf dies L.-Ereignis Bezug haben. Selbstverständlich werden nicht alle eventuell möglichen Antworten auf alle jene Fragen zu einem Gedanken als Quellpunkt hinleiten; aber stets werden sich eine oder mehrere Fragen und Antworten finden, die zu dem gesuchten Gedanken führen. Wir können auf diese Weise große Gruppen von L.-Ereignissen auf einmal erledigen. In unzähligen Fällen wird als Entstehungsursache des L.-Ereignisses nicht Ein Gedanke sich erweisen, sondern eine ganze Reihe von Gedanken, die zu verschiedenen Zeiten, an verschiedenen Orten und bei verschiedenen Menschen entstanden sind. Sehr wichtig ist es für das weitere, daß das L.-Ereignis auch dadurch entstanden sein kann, daß ein bestimmter Gedanke bei dem betreffenden oder bei einem anderen Menschen nicht aufgetaucht ist.

Ein sehr allgemeiner Fall eines L.-Ereignisses ist der folgende. Ein Mensch befindet sich in einem bestimmten Augenblick an einer bestimmten Stelle, wo das auf ihn bezügliche L.-Ereignis stattfindet; er geht zu Fuß, fährt in einem Wagen (Droschke, Omnibus, Eisenbahn) oder zu Schiff. Fragen: Was bewog ihn zu diesem Ausgang oder zu dieser Ausfahrt? Was bewog ihn gerade diesen Weg zu nehmen? Wie kam es, daß er sich gerade zu dieser Zeit an dem Orte befand und nicht früher oder später, manchmal um wenige Sekunden? Was bewog ihn bei dem Geschehnis diese oder jene Rolle zu spielen? Welches waren die Entstehungsursachen des Geschehnisses? Welche Rolle spielten andere Menschen bei der Entstehung und bei dem Verlauf des Geschehnisses, und was bewog sie zu ihren Handlungen? Es ist selbstverständlich, daß durchaus nicht etwa alle Fragen bei ihrer Beantwortung in jedem Spezialfall zu einem Gedanken als Quellpunkt hinführen. Nur bei der dritten Frage wird dies wohl fast immer der Fall sein, denn der Zeitpunkt hängt von den vorgehenden L.-Ereignissen ab, z. B.: der Mensch beschloß vor dem Weggehen noch diese oder jene Handlung vorzunehmen oder zu unterlassen. Man kommt schneller vorwärts, wenn man solche L.-Ereignisse ausdenkt, bei denen die Antworten auf die verschiedenen Fragen sicher zu keinem Gedanken als Quellpunkt führen. Z. B.: der Mensch geht täglich etwa um dieselbe Zeit denselben Weg zwischen seiner Wohnung und dem Ort seiner Tätigkeit; in diesem Falle führen die ersten zwei Fragen zu keinem Ergebnis. Allerdings kann man selbst hier zum Ziele gelangen, wenn man weiter zurück greift und etwa die Fragen stellt: wie geschah es, daß der betreffende Mensch gerade diese Wohnung mietete oder gerade diese Tätigkeit zugewiesen erhielt? Bei Eisenbahn- und Schifffahrten lassen sich wohl stets die Quellpunkt-Gedanken auffinden. Das Geschehnis kann man so auswählen, daß bei seiner Entstehung kein Mensch beteiligt ist: Ein Stück Gesims fällt herab, ein Sturm wirft ein Dachstück herunter usw. Selbst hier bleibt die dritte Frage in betreff des genauen Zeitpunktes.

In all den unzähligen Fällen, wo ein wichtiges L.-Ereignis sich auf eine Begegnung zurückführen läßt, dürfte es sehr schwer sein, einen solchen Fall zu konstruieren, der nicht wenigstens bei einer der sich treffenden Personen sofort als Quellpunkt einen Gedanken erkennen läßt, der offenbar zugleich der Quellpunkt-Gedanke dieses L.-Ereignisses auch für die andere Person ist.

Es ist aber wirklich gar nicht nötig, sich den Kopf zu zerbrechen, um solche Fälle aufzusuchen, wo ein L.-Ereignis, das einen merkbaren Einfluß auf das Schicksal eines Menschen hatte, sich nicht auf einen Gedanken desselben oder eines anderen Menschen als Quellpunkt zurückführen läßt. Man „greife nur hinein in's volle Menschenleben", und man wird sich sofort davon überzeugen, wie außerordentlich leicht es fast stets ist den Quellpunkt-Gedanken zu finden. Man vergesse auch nicht, daß es für unsere weiteren Zwecke genügt, wenn gezeigt wird, daß das L.-Ereignis stattfand, weil irgend ein, vielleicht naheliegender Gedanke **nicht** gefaßt wurde.

Wir wollen nun auf zwei Fälle hinweisen, wo es sich als schwierig erweisen kann, den Quellpunkt-Gedanken eines L.-Ereignisses aufzufinden, das aber in hohem Grade das Schicksal eines Menschen zu beeinflussen imstande ist. Es sind dies die folgenden Fälle:

1. **Das L.-Ereignis ist rein materieller Natur**, z. B. Blitzschlag, Hagel, Sturm, Erdbeben, Überschwemmung, wobei die Anwesenheit des betreffenden Menschen zu einer bestimmten Zeit an einem bestimmten Orte entweder gar keine Rolle spielt oder unvermeidlich war. Beispiele: der Blitz entzündet einen Speicher; ein Fischer ist wie alltäglich auf hoher See; ein Mensch wird während des nächtlichen Schlafes von einem Erdbeben überrascht; eine Überschwemmung vernichtet Hab' und Gut oder auch das Leben von Menschen. Auch hier läßt sich in Einzelfällen ein Gedanke, häufiger aber das Ausbleiben eines Gedankens als Quellpunkt bezeichnen. Warum wurde nicht daran gedacht, einen Blitzableiter zu bauen? Warum merkte der erfahrene Fischer nicht die Annäherung des Sturmes? usw. In manchen Fällen wird es aber vielleicht doch unmöglich sein, einen Quellpunkt-Gedanken aufzufinden.

2. **Das L.-Ereignis ist medizinischer Natur.** Über diese Fälle können wir wegen mangelnder Vorkenntnisse nicht viel aussagen. Handelt es sich um eine Infektion, so liegt eine Begegnung vor, wo das Vorhandensein von Quellpunkt-Gedanken unzweifelhaft ist. Dasselbe wird wohl auch in allen Fällen gelten, wo die Erkrankung auf äußere Einflüsse zurückzuführen ist. Die vielen Krankheiten, deren Ursachen noch völlig unbekannt sind, müssen wir überhaupt ausschließen. Über das dunkle Gebiet der angeborenen körperlichen Defekte können wir erst recht nichts aussagen. Hier kann der Quellpunkt-Gedanke um Generationen zurückliegen.

Wir begnügen uns mit dem Obigen. Wenn der Leser unserer Aufforderung nachkommt und, aus dem vollen seiner Lebenserfahrung,

seines eigenen Lebens und seiner Beobachtung schöpfend, die verschiedensten L.-Ereignisse, welche für das Schicksal eines Menschen
eine merkbare Rolle spielten, ruhig analysiert, so wird er die er-
drückende Bedeutung des Quellpunkt-Gedankens zugeben müssen.
Gelingt dies nicht in allen Fällen, wie wir eben gesehen haben, so
hat dies keine wesentliche Bedeutung für unsere Konstruktion
einer den modernen Naturwissenschaften nicht widersprechenden
Religion.  An dem Satz VIII müssen wir festhalten.

# Siebentes Kapitel

# Wissenschaft und Religion.

### (Fortsetzung.)

Wir wollen zur Bequemlichkeit nochmals diejenigen Sätze zusammenstellen, deren Gesamtheit genügt, um die gesuchte Religion aufzustellen und verweisen auf den Anfang des fünften Kapitels; die dort angeführten Sätze brauchen wir nicht alle zu wiederholen. Wir erlauben uns einige unwesentliche rein redaktionelle Vereinfachungen. Für das Weitere genügen die folgenden drei Sätze.

III. Der Mensch ist nicht nur der Sitz physikalischer und chemischer Erscheinungen, er enthält noch etwas, als dessen Äußerung wir einzig und allein die Gedanken bezeichnen. Wir nennen es das Etwas.

VI. Damit eine Religion auch wirklich eine Religion sei, muß sie die Behauptung enthalten, daß es eine (transzendete) Macht gibt, welche eingreifen kann in die Geschicke der Menschen. Wir nennen diese Macht das ES.

VIII. (Sechstes Kapitel.) Als Quellpunkt fast aller L.-Ereignisse erweist sich ein Gedanke.

Wir erinnern noch an folgendes.

1. Wir bezweifeln, daß der Satz III eine Hypothese sei; wir halten ihn für einen Erfahrungssatz.

2. Im Satz VI (Anfang des fünften Kapitels) war noch die Bedingung ausgesprochen, daß es auch eine innere Religion geben müsse, die sich bei Menschen durch eine Reihe von Erscheinungen bemerkbar macht, welche am Ende des dritten Kapitels durch solche Worte wie Glaube, Frömmigkeit, Hingabe, Erbauung, Hoffnung, Zuversicht, Unterwerfung, Trost, Ekstase charakterisiert waren. Diese Bedingung lassen wir jetzt fallen, denn es ist ohne weiteres vollkommen klar, daß die innere Religion einzig und allein auf den obigen Satz VI sich stützt und von ihm in abschließender Weise genährt wird. Weiteres braucht der Mensch nicht, um innere Religion besitzen zu können.

3. Aus den L.-Ereignissen des Menschen baut sich sein Schicksal.

In den drei Sätzen III, VI und VIII ist das gesamte Material enthalten, welches wir brauchen, um die Frage, die wir uns in diesem Buche gestellt haben, zu beantworten, und die Aufgabe, die sich an diese Frage knüpft, zu lösen. Die Frage lautete: **Läßt sich eine Religion konstruieren, die in keinem Widerspruch steht zu den modernen Naturwissenschaften?** Diese **Frage beantworten wir jetzt mit einem kategorischen Ja!** Um dies zu beweisen, müssen wir den Inhalt dieser Religion, die dem Satze VI genügen soll, auch wirklich angeben. Die Lösung dieser Aufgabe haben wir fertig vor uns, wenn wir die drei Sätze III, VI und VIII zusammenfassen und einen einzigen Schritt weitergehen. Wir erhalten auf diesem Wege den Satz IX, der in einer, vielleicht übermäßig zusammengedrängten Form, **den ganzen Inhalt der gesuchten Religion enthält.**

### IX. Das ES kann durch das Etwas Gedanken hervorrufen.

In diesen acht Worten haben wir eine Religion vor uns, die allen Bedingungen entspricht, was wohl kaum nötig ist zu beweisen. In der Tat!

Die Gedanken sind die Quellpunkte der L.-Ereignisse und auf diesen baut sich das Schicksal der Menschen (Satz VIII). Also kann das ES eingreifen in die Geschicke der Menschen.

Damit ist gezeigt, daß die in dem Satze IX enthaltene Religion auch wirklich eine Religion ist (Satz VI) und zum Aufbau einer inneren Religion (Zusatz 2) restlos genügt.

Diese Religion steht in keinem Widerspruch zu den Resultaten der modernen Naturwissenschaften (Satz III).

### Unsere Aufgabe ist gelöst.

Wir könnten dies Buch hiermit schließen, aber wir wollen noch mancherlei Betrachtungen an den Satz IX knüpfen und ihn möglichst allseitig beleuchten.

Vorerst sei bemerkt, daß die Abwesenheit eines Widerspruchs gegen die modernen Naturwissenschaften darauf beruht, daß die einzige Funktion des ES bedingungslos außerhalb des Gebiets der Naturwissenschaften steht und ewig stehen wird, selbstverständlich soweit es sich nicht um physikalische und chemische Begleiterscheinungen und strukturelle Vorbedingungen handelt, sondern um das innere Wesen der Gedanken.

Der Satz IX weckt eine Reihe von Fragen, die wir erwähnen müssen. In diesem Satze ist alles restlos erschöpft, was zur Religion notwendig ist, ihr ganzer Inhalt. Daraus folgt nicht, daß damit auch alles andere erschöpft sei, was sich möglicherweise auf das ES und auf das Etwas bezieht. Aber von diesem anderen wissen wir nichts, läßt sich nichts sagen, läßt sich nur zwecklos phantasieren. Als Hauptsache ist aber hervorzuheben, daß all dies andere nicht nur für das Thema dieses Buches, sondern überhaupt für die Menschheit vollkommen gleichgültig ist. Ein Umschlag würde eintreten, wenn die Religion selbst sich in eine Naturwissenschaft verwandeln würde, und diesen Ausblick wollen wir uns offenhalten und auf seine Möglichkeit nicht ohne weiteres verzichten; sie soll später nochmals besprochen werden.

Durch den Satz IX werden z. B. folgende Fragen geweckt. Das ES **kann** dort Gedanken hervorrufen, wo sich das Etwas befindet, d. h. im Menschen. Können Gedanken entstehen auch ohne Eingriff des ES ? Dies ist eine Frage, die wir kategorisch mit einem Ja beantworten möchten; so halten wir uns den Weg offen zum Begriff der Willensfreiheit.

Ist das Etwas nicht vielleicht ein Teil des ES ? Sind sie vielleicht ihrem inneren Wesen nach identisch ? Unnütze Fragen, deren Beantwortung für die Menschheit gleichgültig ist.

Ist die im Satze IX definierte Funktion des ES die einzige ? Diese Frage zerfällt in zwei: Kann das ES noch andere Funktionen ausführen ? Und geschieht dies ? Es liegt nahe, die erste Frage mit einem Ja, die zweite mit einem vorsichtigen Nein zu beantworten. Ein kategorisches Nein könnte dereinst als Erfahrungssatz aufgestellt werden, wenn die Biologie unvergleichlich weiter entwickelt sein wird, wie dies im zweiten Kapitel von uns in höchst kulanter Weise als möglich zugegeben wurde.

Einfluß des ES auf die Evolution der organischen Welt, insbesondere auf die Mutation, könnte als Thema für Freunde unnützer Phantasien ganz interessant sein.

Der in modernen Religionen eine so große Rolle spielende Begriff der Offenbarung findet in dem Satz IX eine Unterlage. Der uralte Begriff der Seele ist vielleicht identisch mit dem Etwas.

Wir aber wollen uns hüten zu phantasieren und den festen Boden der naturwissenschaftlichen Methode, den Boden der Erfahrung, nicht verlassen. Eine Reihe von Fragen bleibt noch zu besprechen.

Durch den Satz XI haben wir eine Religion aufgebaut, wobei uns der Satz VI als einer der drei Ausgangspunkte diente. Wie bereits hervorgehoben wurde, mußten wir diesen Satz VI einführen, da wir uns die Aufgabe stellten, eine Religion zu finden, die einer Bedingung genügt, die wir als gegeben annahmen. Die Frage, ob eine Religion überhaupt notwendig oder auch zulässig sei, blieb ausgeschieden; wir setzten nur fest, daß eine Religion unzulässig sei, die den Resultaten der modernen Naturwissenschaften widerspricht. Jetzt aber, wo wir unsere Aufgabe gelöst haben, können wir weiter zurückgehen und die Frage aufstellen, ob eine Religion überhaupt notwendig sei, ob die Menschheit nicht ebensogut und einfacher ohne eine solche auskommen könnte. Wir wollen es versuchen, auch an diese Frage mit der naturwissenschaftlichen Methode, soweit es möglich ist, heranzutreten, d. h. vor allem von der Erfahrung ausgehen. Was zeigt uns diese? Zu allen Zeiten und bei allen Völkern hat es Religionen gegeben, und unzählige Milliarden von Menschen besaßen und besitzen die oben definierte innere Religion. Was würde der Naturforscher zu einer Erscheinung sagen, die sich in solchem Riesenumfang wiederholt? Wir wollen uns entsetzlich trivial ausdrücken: er würde sagen „da muß etwas dahinter stecken!" Es ist zu unwahrscheinlich, daß all dies nur ein leerer Wahn sei und daß nur einerseits die Angst vor gefährlichen Naturerscheinungen, anderseits die den Kindern künstlich eingeimpften und dann festsitzenden Vorstellungen diese, Welt und Zeit umspannende Erscheinung hervorgerufen haben.

Nun zeigt aber die Erfahrung, daß es dennoch Menschen gibt, die keine innere Religion zu besitzen scheinen. Ist aber diese Frage jemals in naturwissenschaftlicher Weise untersucht worden? Wir antworten — nein! und wir zweifeln daran, daß es solche Menschen gibt oder je gegeben hat. Was man Freidenker, Atheisten usw. nennt, sind Menschen, die sich zu den existierenden Religionen im höchsten Grade abweisend verhalten. Ihr Verhalten ist, rein äußerlich, eine heftige Reaktion gegen oktroyierte Dogmen. Aber in das innere Wesen (wir vermeiden das Wort Seelenleben) dieser Menschen, in die Welt ihrer Vorstellungen und Gefühle hat noch niemand hineingeleuchtet. Nur sie selbst könnten, bei intensiver Selbstbeobachtung und höchster Ehrlichkeit, die Schleier lüften und uns etwas mitteilen über die Geheimnisse innerer Vorgänge, insbesondere in schweren Momenten des Lebens. Und da würden wir wohl erfahren, daß in solchen Momenten zwar keine Rückkehr stattfindet zu den abgelehnten Dogmen, wohl aber ein unüberwindbares Auftauchen der inneren Religion, ein elementares Hervorbrechen dessen, was sich nur erklären läßt als eine Folge der Existenz des ES. Also zweifeln wir an der Existenz von Menschen ohne innere Religion, und diese hat keinen Grund sich gegen die im Satz IX enthaltene äußere Religion aufzulehnen.

Was soeben über die Religion im allgemeinen gesagt wurde, bezieht sich in noch höherem Grade auf das Beten. Der einzelne Mensch sammelt im Laufe seines Lebens Erfahrung. Dasselbe aber kann man auch von der Menschheit behaupten; auch hier findet eine langsame Anhäufung von Erfahrung statt, die von Generationen zu Generationen weitergegeben wird. Viele Milliarden haben gebetet und beten. Über das Resultat existiert keine Statistik. Aber wir stellen die Frage: Würde die Menschheit immer weiter beten, wenn das Resultat Null wäre? Diese Null müßte als ein Erfahrungssatz vor der Menschheit emportauchen und Wurzeln fassen in ihrem Bewußtsein. Dies ist nicht geschehen, und es erscheint als naturwissenschaftlich berechtigt hieraus zu folgern, daß das Resultat nicht Null sein kann.

Interessant und wichtig ist es, das Beten selbst näher zu beleuchten. Worin besteht es? In einer Ansprache an das ES, wobei es nicht nötig ist, daß sie laut hörbar sei oder auch nur geflüstert wird. Das Beten ist eine Aneinanderreihung von **Gedanken.** Ein Ableiern ist kein Beten; der Gedankenfaden darf nicht abreißen; das ist es, was man ein inbrünstiges Gebet bezeichnet. Denken wir uns einen Menschen, der z. B. jeden Abend ein gewisses Gebet, das er auswendig kennt, wiederholt, und nehmen wir an, daß es recht lang sei. Da kann es vorkommen, daß er plötzlich an etwas anderes denkt, was ihn gerade beschäftigt. Was wird er tun, wenn er sich dabei ertappt? Er wird sicherlich die gedankenlos abgeleierten Worte nochmals wiederholen. Darin liegt eine unerwartete und erfreuliche, wenn auch indirekte Stütze des Satzes IX, denn wir erhalten folgendes Bild: Das ES kann durch das Etwas Gedanken hervorrufen und auf diese Weise eingreifen in das Schicksal des Menschen. Der Mensch kann vermittelst seiner Gedanken durch das Etwas in Verbindung treten mit dem ES. Zwei einander entgegengesetzte Richtungen, aber derselbe Weg!

Eine weitere Frage ist folgende: Sind bei der im Satz IX definierten Religion ein Priestertum und ein ES-Dienst (analog dem jetzt existierenden Gottesdienst) möglich? Wir sehen keinen Grund, diese Frage zu verneinen. Über die Formen, welche das Priestertum und der ES-Dienst annehmen könnten, wollen wir uns nicht weiter auslassen.

Ein sehr bedeutender Teil der Menschheit huldigt dem Buddhismus, der in der Theorie nichts dem ES Analoges kennt. Aber auch der Buddhismus hat Priester und Tempel und kennt das Gebet, also auch die innere Religion. Übrigens muß man ja bekanntlich den theoretischen Buddhismus und den vulgären voneinander unterscheiden. Im letzteren dürfte wohl die Rolle Buddhas nicht weit entfernt sein von der des ES.

Die im Satz IX zusammengefaßte Religion enthält keine einzige Hypothese, außer der im Satz III ausgesprochenen, die

nach unserer Meinung keine Hypothese ist, sondern ein Erfahrungssatz; diese Religion steht, wie schon erwähnt, fester als die Naturwissenschaften mit ihren zahlreichen Hypothesen. Nebelhaft taucht
der Gedanke vor uns auf, diese Religion könnte selbst zu einem
Zweige der Naturwissenschaft werden oder wenigstens einen naturwissenschaftlichen Anstrich erhalten. Experiment und Beobachtung
sind die Grundpfeiler der Naturwissenschaften. Das Experiment
ist in unserem Falle allerdings unmöglich, aber nicht die Beobachtung.
Nach zwei Richtungen erscheint die Möglichkeit eines Weiterbauens
nicht ausgeschlossen. Erstens spielen im Satz IX eine Hauptrolle
die Gedanken. Beobachtungen über die Entstehung der Gedanken,
Erweiterung und Vertiefung dessen, was wir von ihnen wissen,
könnten vielleicht größere Klarheit verbreiten über das Ende der
Reihe: das ES, das Etwas, die Gedanken. Zweitens könnten lang-
sam Erfahrungen gesammelt werden über Einzelfälle von wichtigen
L.-Ereignissen und die Entstehung der ihnen entsprechenden
Quellpunkt-Gedanken. Es wäre dies eine schwierige, aber nicht
hoffnungslose Aufgabe, und sie könnte Aufschluß geben über den
Anfang jener aus drei Teilen bestehenden Reihe. Als letztes Ziel
stände vor uns das hehre Problem: einen nach naturwissenschaftlicher Methode aufgebauten Beweis zu erhalten
für die Existenz des ES. Auch über dunkele Fragen, zu denen
die Wissenschaft sich skeptisch verhält, Ahnungen und ähnliches,
könnte sich allmählich Licht verbreiten.

Wir wollen zum Schluß als Beispiel einen jener Einzelfälle
erzählen, von denen eben die Rede war. Er ist aus dem Leben ge-
griffen; die Orte und die Namen der beteiligten Personen ersetzen
wir durch Buchstaben. In Deutschland liegen zwei große Städte P
und Q, etwa dreiviertel Stunden Eisenbahnfahrt voneinander
entfernt. Ein sehr bekannter und beliebter Ausflugsort R in bergiger
Gegend befindet sich in der gleichen Entfernung von etwa zwei-
undeinhalb Stunden Eisenbahnfahrt von P und Q. Im Winter 1873
bis 1874 studierte ein junger Mann A in der Stadt P, wo er innige
Freundschaft schloß mit einem anderen jungen Mann B. Am Sonntag,
dem 21. Juni 1874, fuhren die beiden Freunde nach R, wo sie zu
einer Burgruine hinaufstiegen und sich im Hof an einen kleinen
Tisch der dort befindlichen Restauration setzten. In der Stadt Q
lebte um jene Zeit ein Ehepaar C mit zwei Töchtern. Früher wohnten
sie in einem sehr weit von P und Q gelegenen Städtchen S, wo die
beiden Töchter geboren wurden; unter den Gespielen ihrer Kinder-
jahre befand sich das Söhnchen D eines Nachbars. Als die Töchter
herangewachsen waren, siedelte die Familie C nach der Stadt Q
über, während D in S blieb, wo er später das kaufmännische Ge-

schäft seines Vaters übernahm. Dies Geschäft ging schlecht, und er beschloß nach Amerika auszuwandern. Auf der Reise dahin blieb er einige Tage in Q; seine Schwester begleitete ihn bis Q, wo beide bei der Familie C wohnten. Am Sonntag, dem 21. Juni 1874, beschloß die Familie C mit ihren Gästen einen Ausflug zu machen nach R. Sie kamen in den Hof der Burgruine, wo sie sich an einen größeren Tisch setzten, an dem noch Platz frei blieb. Dem A gefiel die jüngere Tochter, und er bewog seinen Freund B sich an den anderen Tisch zu setzen, wo die beiden ein Gespräch mit Herrn und Frau C anknüpften. Nach kurzer Zeit entfernte sich die Familie C mit ihren Gästen, und bald darauf machten sich auch die beiden Freunde auf den Weg. Bei der Fahrt über einen Fluß kamen sie alle in einem Boot wieder zusammen und machten nachher gemeinsam einen Spaziergang. Hierbei unterhielt sich Freund B angelegentlich mit dem nach Amerika reisenden Herrn D. Nach einiger Zeit trennte man sich, und am Abend fuhren die beiden Freunde nach P, die Familie C mit ihren Gästen nach Q. Den Namen der Familie C hatten die Freunde zwar gehört, aber er war undeutlich ausgesprochen worden, und sie hatten ihn nicht behalten. Am Mittwoch, dem 24. Juni 1874, beredete A seinen Freund B auf gut Glück nach der Stadt Q zu fahren, um die Familie C aufzusuchen. Sie gingen dort in eine Restauration, wo sie sich ein Verzeichnis aller Einwohner geben ließen, in der naiven Hoffnung, durch irgend einen Namen an den undeutlich gehörten erinnert zu werden. Selbstverständlich blieb dies Unternehmen ohne Erfolg. Plötzlich schlug sich Freund B vor die Stirn und rief: „Aber ich habe ja von dem jungen Manne eine Visitenkarte erhalten!" Und richtig, in der Brieftasche des B fand sich die Visitenkarte des nach Amerika reisenden D. Mit dieser Karte wanderten die beiden Freunde zur Polizei, wo sie die Wohnung des D, also auch den Namen und die Adresse der Familie C erfuhren. Sie gingen zu dem angegebenen Hause, und da es gerade Johanni war (24. Juni), sang ein Chor von Waisenknaben vor dem gegenüberliegenden Hause, in dem ein Pastor wohnte. Die beiden Töchter standen am Fenster; D war bereits nach Amerika abgereist. Das Weitere ist nicht interessant. Doch wollen wir erwähnen, daß A und die jüngere Tochter im Jahre 1927 ihre goldene Hochzeit feiern werden, wenn sie jenen Zeitpunkt erleben, und daß der jüngste ihrer Enkel jetzt (1925) 17 Jahre alt ist. Das ganze Lebensschicksal des A wurde von seiner Ehe beeinflußt und dies Schicksal hing an jener Visitenkarte.

Wie kam D auf den Gedanken, dem B seine Karte zu geben, einer zufälligen Ausflugsbekanntschaft, deren Fortsetzung unmöglich war, da D nur noch einen Tag in Q bleiben und dann nach Amerika reisen wollte? Wie kam ihm dieser Gedanke? Hatte er vielleicht die sonderbare Gewohnheit, jeder zufälligen Bekanntschaft seine Visitenkarte zu überreichen? Konnte es nicht dem B ganz gleichgültig sein, ob der fremde Herr, den er unmöglich wiedersehen konnte, Schulze oder Müller hieß? Man kann den D nicht fragen, denn er ist in Amerika nach kurzer Zeit gestorben.

In dem hier erzählten Falle ist der Quellpunkt-Gedanke des für das Schicksal des A entscheidenden L.-Ereignisses völlig klar. Es ist der Gedanke des D, seine Karte dem B zu überreichen; ein, man kann wohl sagen, fast unbegreiflicher Gedanke.

Stellen wir uns vor, daß im Laufe vieler Jahre eine ungeheure Menge von für das Schicksal der betreffenden Menschen wichtigen L.-Ereignissen studiert, die Quellpunkt-Gedanken (es können ihrer viele sein) aufgesucht und diejenigen Personen, bei denen diese Gedanken aufgetaucht waren, einem „Verhör" unterworfen werden. Wir sehen keinen Grund, diesen Weg zur Lösung des oben erwähnten hehren Problems von vornherein als hoffnungslos zu bezeichnen. Auf diesem Wege läge die Oberleitung in den Händen der naturwissenschaftlichen Methode. Noch Weiteres erscheint in dämmernder Ferne; doch sei es genug an dem Obigen.

Schluß

# Zwei innere Stimmen.

Erste Stimme: Was sagst du nun?
Zweite Stimme: Ich schweige.

Leningrad, den 15. Mai 1925.